PROSPECTUS.

LEÇONS DE FLORE.

COURS

COMPLET DE BOTANIQUE

EXPLICATION DE TOUS LES SYSTÈMES, INTRODUCTION A L'ÉTUDE DES PLANTES

PAR J. L. M. POIRET

CONTINUATEUR DU DICTIONAIRE DE BOTANIQUE DE L'ENCYCLOPÉDIE MÉTHODIQUE.

SUIVI

D'UNE ICONOGRAPHIE VÉGÉTALE

en cinquante-six planches coloriées offrant près de mille objets

PAR P. J. F. TURPIN.

OUVRAGE ENTIÈREMENT NEUF.

C. F. PANCKOUCKE ÉDITEUR

Rue des Poitevins, n°. 14.

TRACER aux amateurs de la botanique la route qui peut les conduire avec le plus de facilité et d'agrémens à la connaissance de cette science, les transporter au milieu du grand spectacle de la nature, les amener ensuite à la considération des plantes prises isolément, leur apprendre à les placer ou à les reconnaître d'après leurs caractères naturels, et les méthodes établies pour leur classification, tel est le but de cet ouvrage, entrepris particulièrement pour faciliter aux gens du monde l'étude de cette science aimable. En exposant ses principes, nous en écarterons tout ce qui tient uniquement à des idées systématiques, ainsi que cette nomenclature arbitraire, qui hérisse de difficultés, et convertit en une science de mots l'étude si attrayante de la nature.

On a déjà donné beaucoup d'ouvrages élémentaires sur la botanique : il en est qui méritent d'être distingués; mais publiés dans d'autres vues que le nôtre, aucun n'a rempli complétement le but que nous nous proposons. Les uns n'ont vu que la science en elle-même, rejetant avec trop de scrupule beaucoup de ces idées accessoires qui en font le charme. L'esprit est bientôt rebuté, fatigué de définitions et d'expositions de systèmes, quand, d'un autre côté, l'imagination n'est pas récréée par ces tableaux si séduisans, et en même temps si vrais, des grands phénomènes de la végétation, et de ses rapports avec les autres êtres naturels : d'autres, l'œil armé du microscope, pénétrant dans le dédale obscur des fonctions secrettes et mystérieuses de la végétation, observant chaque organe presque au moment de sa naissance, y ont, en quelque sorte, découvert les élémens d'une science toute nouvelle; des faits du plus grand intérêt se sont offerts à leurs regards, et ont amené des réformes et des vues particulières sur les principes encore si peu avancés, de la physiologie végétale; mais il faut, pour se livrer à ce genre d'étude, beaucoup de connaissances préliminaires, et une grande habitude de l'observation. Nous avons cru que les élémens que nous présentons aujourd'hui pourraient y conduire, en adoucissant, par les agrémens de la science, la sévérité de ses principes.

Les figures ajoutées à cet ouvrage, et d'une exécution parfaite, ont toutes été prises dans la nature : ce sont autant de dessins originaux choisis par M. Turpin, et rapprochés avec l'intention de former par leur ensemble un tableau iconographique et raisonné des différentes parties des plantes.

Aux planches destinées pour l'intelligence des méthodes de Tournefort et de Linné, il sera joint des figures pour l'éclaircissement des principales familles de la méthode naturelle de M. de Jussieu ; elles seront choisies de préférence parmi les plantes indigènes de l'Europe : la plupart n'ont pas encore été publiées.

Le texte sera rédigé par M. Poiret, connu dans les sciences par ses nombreux travaux en botanique : il a exploré lui-même les contrées étrangères, et son voyage en Barbarie nous a fait connaître les productions naturelles de ce pays; il a continué le Dictionaire de botanique de l'Encyclopédie méthodique, ouvrage le plus complet qui existe sur cette science; successeur de M. de Lamark dans ce travail important, il a publié seul les neuf derniers volumes.

CONDITIONS DE LA SOUSCRIPTION.

Cet ouvrage sera publié en QUATORZE livraisons, avec cinquante-six planches coloriées et retouchées au pinceau. Nous prenons l'engagement formel de ne pas aller au delà.

Tous les dessins sont faits; la plupart sont gravés. Pour connaître les détails de ces cinquante-six dessins, veuillez consulter l'explication de figures par M. Turpin, placée ci-après sous le titre d'ICONOGRAPHIE VÉGÉTALE.

Malgré tous les frais de cet ouvrage, dont une seule planche contient quelquefois vingt objets, nous accorderons aux souscripteurs chaque livraison au prix de DEUX francs, et DEUX francs DIX centimes franc de port pour toute la France.

On peut en adresser le prix par un bon sur la poste ou sur un ami à Paris.

On doit s'inscrire chez les libraires, ou à Paris, chez l'Éditeur C. L. F. PANCKOUCKE, rue des Poitevins, n°. 14.

Les cinquante-six planches offriront près de mille objets.

Il paraîtra chaque mois un cahier. La dépense pour les souscripteurs sera donc seulement de DEUX francs par mois.

La souscription sera fermée prochainement, et alors chaque livraison sera du prix de TROIS francs.

Chaque cahier sera composé d'une ou deux feuilles de texte sur très-beau papier, et de quatre planches in-8° imprimées sur vélin en couleur et retouchées au pinceau.

Il a été tiré vingt-cinq in-quarto sur papier vélin superfin satiné, qui sont du prix de DOUZE francs le cahier, et dix exemplaires in-folio, premières épreuves, filets dorés, du prix de VINGT francs le cahier.

La première livraison est déposée chez tous les libraires à Paris et en province.

C. L. F. PANCKOUCKE,
rue des Poitevins, n°. 14.

LEÇONS DE FLORE.

ICONOGRAPHIE VÉGÉTALE

En cinquante-six planches coloriées d'après les peintures originales de M. P. J. F. TURPIN, *auteur des dessins de la Flore médicale, du Dictionaire des sciences naturelles, etc., etc.*

L'ICONOGRAPHIE végétale, c'est-à-dire la *description par image* des végétaux, est le complément presque indispensable de tout traité de botanique.

Exclusivement chargé par l'éditeur de composer et d'exécuter la partie iconographique de ces élémens, je me suis attaché à la rendre tout à la fois élémentaire et philosophique; et, pour faciliter l'intelligence de cette sorte d'écriture hiéroglyphique, j'ai dû y ajouter un texte explicatif, qui ne pouvait guère être rédigé que par moi-même, parce qu'il se rapporte quelquefois à des idées qui me sont propres, et qui pourront présenter des aperçus nouveaux.

Cette iconographie devant contenir, dans un cadre très-étroit, tout ce que le règne végétal offre de plus remarquable et de plus utile à connaître, il m'a fallu faire, pour obtenir ce résultat, un grand nombre de travaux préparatoires, dont j'ai puisé la plupart des matériaux dans mes collections de plantes et de dessins, fruits de mes longs voyages dans les deux Amériques.

Un botaniste célèbre, qui m'honore de son amitié, M. Richard, m'avait conseillé de me borner aux plantes des environs de Paris, et même à celles du bois de Boulogne : ce conseil utile, sous un certain rapport, ne pouvait aucunement convenir au plan que j'avais formé. J'ai voulu, au contraire, autant que cela se peut dans un ouvrage élémentaire, donner des idées générales sur la structure, les formes et l'aspect de tous les végétaux du globe, afin de faire connaître l'ensemble des êtres qu'on se propose d'étudier.

J'ai divisé mon travail en deux parties: la première comprend tout ce qui est relatif au cercle complet de la vie végétale; la seconde a pour objet les classifications, ou les moyens plus ou moins artificiels que nous employons pour nous aider dans l'étude de la première.

Trente-six tableaux, dans lesquels j'ai parcouru tous les points du cercle dont je viens de parler, offrent successivement les organes élémentaires, les divers aspects que produisent, par leur agrégation, ces mêmes organes dans les végétaux; les racines, ou la partie descendante des plantes, les troncs, stipes, chaumes et hampes. Je passe de là aux parties nommées pores, poils, glandes, suçoirs, aiguillons, épines, vrilles et bourgeons. Je m'occupe ensuite des différens modes que suivent les feuilles dans leurs points de départ sur les tiges, ainsi que des stipules : puis viennent les feuilles considérées dans l'état d'isolement, et avec leurs nombreuses modifications; après elles se présentent d'autres organes auxquels on a donné le nom d'enveloppes accessoires des fleurs; les diverses inflorescences ou agrégations des fleurs. Celles-ci, prises séparément, sont la matière de quatre tableaux, dont le premier a pour objet les fleurs unisexuelles et les neutres; le deuxième, les fleurs des monocotylédones; le troisième et le quatrième, les fleurs des dicotylédones. Quatre autres tableaux, qui suivent les précédens, offrent presque toujours les comparaisons, par rapprochement, des formes les plus intéressantes sous lesquelles se présentent les divers organes constitutifs de la fleur, tels que les calices, les corolles, les étamines, les pistils et les disques.

Après la floraison, dont le brillant appareil annonçait l'œuvre mystérieuse de la fécondation, paraissent les fruits, organes conservateurs, et en même temps dernier produit de la végétation. Huit tableaux donnent le détail de tout ce qu'il y a de plus utile à connaître sur ces organes infiniment variés, et dont la connaissance est devenue si importante pour approfondir l'étude de la botanique.

Là, se termine la vie végétale; toutes ses fonctions sont remplies. Le fruit, arrivé à son plus grand état de perfection, tend à se décomposer; mais il renferme dans son sein les germes précieux d'une nouvelle génération : la graine ou l'œuf végétal, fixé, par son ombilic ou placentaire, dans l'intérieur du fruit, s'en détache bientôt et se dissémine.

L'embryon, qui n'est autre chose que la plante en abrégé, reste captif, durant son enfance, sous les tuniques de la graine qui le protègent; mais, appelé à une nouvelle existence, il ne tarde pas, aidé par le concours de l'humidité, de la chaleur et de la lumière, agens principaux de la vie et de la mort, à paraître sous de nouvelles formes.

Quatre tableaux complettent naturellement la première partie de cet ouvrage; ils se composent de tout ce qui est relatif à la graine : tels sont les cordons ombilicaux qui, dans le cas où ils embrassent en partie ou en totalité la graine, et lui forment, en quelque sorte, une tunique extérieure, ont reçu le nom d'arilles : tels sont encore les ailes, les aigrettes, et enfin les divers modes de germination.

Jusqu'ici j'ai pu suivre la nature dans sa marche, sans avoir besoin d'appeler à mon secours ces moyens d'étude, qui appartiennent bien plus à l'art qu'à la science, et qui, malgré leur indispensable nécessité, n'en sont pas moins conventionnels, et jusqu'à un certain point arbitraires. Pénétrons-nous bien de cette idée, que les classifications offertes par toutes les méthodes, quelles qu'elles soient, ne sont que des instrumens qui nous servent à mesurer et à diviser *artificiellement* l'immense tableau de la nature. Ne perdons jamais de vue que rien n'est isolé, que les parties qui nous paraissent telles, sont les dépendances d'un grand ensemble, auquel elles sont subordonnées, et qu'on peut les comparer aux sommets divergens des rameaux d'un grand arbre.

Il est donc vrai qu'en histoire naturelle les distinctions d'espèces, de genres, de familles, de classes, ne reposent pas sur des fondemens plus solides que la distinction des zônes et des climats tracés par les géographes sur la surface du globe, ou, si l'ont veut encore, celle des quatre âges dans la vie de l'homme.

Vingt tableaux formeront la dernière partie de cette iconographie; ils feront connaître les trois méthodes le plus généralement employées, celles de Tournefort, de Linné et de Jussieu.

J'ai abrégé, autant qu'il m'a été possible, le texte explicatif de mes tableaux; l'excellent ouvrage qui les précède, et dont ils ne sont que le complément, m'a dispensé de sortir des bornes étroites que je me suis prescrites.

P. J. F. Turpin.

N. B. M. Turpin donnera plusieurs observations particulières qu'il a faites dans ses voyages : les petites lettres *a*, *b*, *c*, servent à expliquer particulièrement ces observations qui lui sont propres.

On ne doit pas relier les planches avant qu'elles n'aient été toutes publiées.

LEÇONS DE FLORE.

LECONS DE FLORE.

COURS

COMPLET DE BOTANIQUE

EXPLICATION DE TOUS LES SYSTÈMES, INTRODUCTION A L'ÉTUDE DES PLANTES

PAR J. L. M. POIRET

CONTINUATEUR DU DICTIONAIRE DE BOTANIQUE DE L'ENCYCLOPÉDIE MÉTHODIQUE.

SUIVI

D'UNE ICONOGRAPHIE VÉGÉTALE

en cinquante-six planches coloriées offrant près de mille objets

PAR P. J. F. TURPIN.

OUVRAGE ENTIÈREMENT NEUF.

TOME PREMIER.

PARIS

C. L. F. PANCKOUCKE ÉDITEUR

Rue des Poitevins, nº. 14.

M. D. CCC. XIX.

INTRODUCTION.

Définition de la botanique. Plan de cet ouvrage. Utilité et agrément de cette science.

La *botanique* est cette partie de l'histoire naturelle qui traite de la connaissance des plantes : elle nous apprend à les distinguer les unes des autres par les caractères qui leur sont propres ; à rapprocher celles d'entre elles qui ont le plus de rapports communs ; à trouver la place de chaque plante dans les méthodes établies pour leur classification ; à découvrir les différens noms qu'elles ont reçus, et déterminer celui qu'elles doivent conserver.

Cette science comprend dans ses recherches tous les phénomènes relatifs à la végétation ; la connaissance de toutes les parties des plantes, celle de leurs organes tant internes qu'externes ; leur naissance, leur développement, leur mode de reproduction, leurs fonctions vitales : elle les suit dans les diverses époques de leur existence, dans leur état de santé et de maladie, de vigueur et de dépérissement.

La botanique se rattache : 1°. à l'*agriculture*, qu'elle enrichit par la découverte de nouvelles espèces, qu'elle éclaire par l'exposé de la température et du sol propres à chaque plante ; 2°. à l'*économie*, par une suite d'observations et d'expériences sur les produits naturels ou artificiels que fournissent les végétaux ; 3°. à la *médecine*, par l'action des plantes sur l'économie animale, prises intérieurement, ou appliquées à l'extérieur.

La botanique appelle à son secours : 1°. la *physique*, pour l'explication des phénomènes que présentent l'organisation des végétaux et leurs fonctions vitales ; 2°. la *chimie*, pour l'analyse des principes que renferment les différentes espèces de plantes, leur composition, leur décomposition; 3°. la *minéralogie*, pour déterminer la nature des divers terrains où naissent les différentes espèces de plantes, la qualité des terres qui leur conviennent.

De tout temps, la botanique a été considérée comme une étude agréable et curieuse, surtout lorsqu'on ne s'en occupe que sous le rapport des beaux phénomènes de la végétation, et qu'on en écarte tout ce qui n'est point elle, je veux dire ces qualités occultes imaginées par la superstition, l'empirisme et la plus grossière ignorance. Cette étude a, plus que toute autre, des attraits particuliers pour les ames aimantes et sensibles. Il semble que la douceur des mœurs soit en harmonie avec la recherche paisible des plantes : c'est sans doute par suite de ces rapports, que les fleurs ont toujours été employées comme l'emblème des sentimens les plus délicats, qu'elles ont couronné les vertus douces et sociales, et qu'elles sont encore l'ornement des fêtes établies pour la célébration des époques les plus heureuses de notre existence.

La botanique est donc, de toutes les sciences, la plus propre à orner l'imagination d'idées toujours riantes, que ne peuvent attrister aucune de celles qu'amène à sa suite l'étude des animaux, étude inséparable de celle de l'anatomie, cette science cruelle lorsqu'elle s'exerce sur les corps vivans, et au milieu des convulsions d'un être sensible.

L'étude de la botanique a encore l'avantage de se modifier selon l'âge et le sexe, de se prêter à tous les goûts, de se restreindre, ou de s'étendre selon les facultés ou les momens qu'on peut y consacrer. Dès notre enfance, nous avons aimé les fleurs; nous avons appris de bonne heure à les rechercher, à les reconnaître : elles ont fait le charme de nos promenades champêtres, et se sont, en quelque sorte, identifiées avec nos premières sensations, avec les plus douces jouissances du jeune âge, avec ces jouissances qu'on n'oublie jamais, pas plus que les objets qui les ont procurées. Lorsque ces fleurs se rencontrent sous nos pas, nous les saluons par la pensée, comme nos premières amies, et notre cœur nous dit qu'elles ne nous sont pas devenues indifférentes. Dans un âge plus avancé, nous cherchons à les rapprocher de nous : leur culture nous procure de nouveaux plaisirs; quelques vases de fleurs suffisent souvent pour nous distraire agréablement, lorsque nos occupations nous assujétissent à une vie sédentaire. Pouvons-nous contempler, sans un tendre intérêt, ces jeunes personnes réunies dans un salon de travail, s'exerçant à entremêler dans leurs ouvrages à l'aiguille, ou à faire revivre sur le papier, les contours élégans, les brillantes couleurs de ces fleurs qui vont leur échapper? Combien cette aimable jeunesse ajouterait aux charmes de ses occupations, si elle pouvait y joindre l'étude de ces mêmes fleurs dont elle cherche à retracer les belles formes, étude dont il est si facile d'inspirer le goût lorsqu'on sait la présenter avec tous les attraits qui l'accompagnent! Une seule plante, bien analysée, bien connue dans toutes ses parties, pourra donner une idée de cette science.

En passant à l'examen d'une seconde plante, il ne suffira pas seulement de la connaître, il faudra la comparer avec la première, noter ce que ces deux plantes ont de commun, en saisir les différences : le désir d'en étudier une troisième, une quatrième, se fera bientôt sentir; même travail, mêmes jouissances. Ce goût de recherches, stimulé par la curiosité, conduira, par une route jonchée de fleurs, à la connaissance des élémens d'une science, qui se sera peu à peu introduite dans l'esprit sans avoir effrayé l'imagination.

La botanique, quoique assez généralement cultivée aujourd'hui, le serait davantage, si elle était plus connue, surtout chez un sexe si bien fait pour elle, mais qu'on épouvante trop souvent par la sécheresse de la nomenclature, et par cette foule de termes nouveaux qu'elle amène à sa suite, et dont on n'est pas assez économe. Quelle précieuse acquisition que celle qui nous ménage, pour tous les instans de notre vie, des plaisirs faciles, indépendans du caprice des hommes et des événemens du sort!

L'âge mûr arrive; mais avec lui ne s'évanouissent pas, comme de simples jeux puérils, ces amusemens de notre première jeunesse; ils prennent insensiblement une marche plus conforme à nos idées. Le spectacle de la nature, que nous n'avons considérée qu'isolément dans quelques-unes de ses productions, s'offre alors avec un caractère de grandeur qui élève l'ame, lui donne une vie nouvelle, et répand, sur tous les objets qui nous environnent, un intérêt que nous n'y aurions jamais soupçonné. Il est même, dans quelques imaginations plus ardentes, porté à un tel point d'exaltation, que l'étude de la nature, convertie en une noble passion, devient l'unique objet de leurs contemplations. C'est alors que la science nous ouvre les portes de son sanctuaire, qu'elle nous apprend à généraliser nos idées, à considérer, dans l'ensemble des êtres de la végétation, leurs rapports entre eux, leur harmonie avec les autres êtres de la création; elle nous fait connaître ces ressorts secrets, qui leur donnent le mouvement et la vie, ces organes intérieurs qui en développent toutes les parties, ces liqueurs vivifiantes qui les abreuvent, enfin tout ce qui appartient aux grandes fonctions de la végétation.

Ainsi, comme je l'ai dit plus haut, la botanique est, en quelque sorte, la science de tous les âges : elle n'est qu'un jeu dans l'enfance, une distraction agréable dans l'âge qui lui succède, une source de souvenirs délicieux pour le reste de la vie. Ajoutons que, nous obligeant sans cesse à comparer les objets entre eux, à les considérer sous tous leurs rapports, à les rapprocher, à les grouper, elle nous donne un esprit d'observation, qui se reporte sur tous les autres objets, perfectionne notre jugement, développe nos facultés intellectuelles en multipliant nos idées.

Est-il, en effet, de moyens plus puissans pour agrandir notre être, que l'acquisition de nouvelles connaissances? Est-il de jouissances plus réelles, plus indépendantes? Les qualités physiques, telles brillantes qu'elles puissent être, ont un terme; elles s'altèrent avec l'âge : il n'est en notre pouvoir ni de les augmenter, ni même de les conserver. Il n'en est pas de même de nos facultés intellectuelles; elles sont susceptibles d'augmentation, de développement, presque jusqu'au dernier moment de notre existence. Tous les jours, de nouvelles idées peuvent se joindre à celles de la veille, et, dans l'homme qui a exercé sa pensée, le temps, qui affaiblit les forces physiques, ajoute aux facultés morales.

Placés au milieu des œuvres de la création, pouvons-nous fermer les yeux sur tant de merveilles, ou nous borner à une simple admiration, quand tout nous invite à les étudier? S'il en est que nous ne puissions atteindre qu'avec difficulté, les plantes resteront toujours à notre disposition; elles sont à nos pieds, elles sont entre nos mains; elles nous attirent par la variété de leurs formes, par les nuances de leurs couleurs, par la douce émanation de leurs parfums, et surtout par ce sentiment de plaisir qu'excite en nous leur contemplation.

La botanique n'est pas seulement une étude de spéculation et d'agrément, elle conduit encore, surtout depuis qu'elle a étendu son domaine sur toutes les parties du globe, à des découvertes précieuses pour la société, mais qu'on ne peut obtenir que par de longues et pénibles recherches, et surtout par des voyages dans des contrées jusqu'alors peu observées. C'est ainsi que, depuis un très-petit nombre d'années, nos bosquets se sont embellis d'arbrisseaux élégans et variés, qu'une foule d'arbres exotiques ont trouvé place dans nos forêts, que des chênes, des pins, des érables, des bouleaux, et beaucoup d'autres nés sur un sol étranger, rivalisent aujourd'hui avec ceux de notre climat. L'homme, qui a vécu pendant la première partie du siècle dernier, pourrait à peine se reconnaître aujourd'hui au milieu de nos parterres décorés de tout le luxe des plus belles fleurs. De quel éclat il y verrait briller les *ipomea* à fleurs écarlates, les *hortensia*, les *metrosideros*, ces *geranium*, ces bruyères nombreuses, et toutes ces belles plantes grasses originaires du Cap de Bonne-Espérance? Que de parfums, que de riches et précieuses couleurs ont été fournies aux arts! que de végétaux abondans en substance alimentaire, dans nos potagers et nos vergers! que de résines nouvellement découvertes, employées avantageusement en médecine, ou pour la décoration de nos demeures! Combien d'autres plantes ont augmenté nos ressources en tout genre! Ces bienfaits, nous les devons à des voyageurs actifs, intrépides, dont les travaux et les services n'ont été que trop souvent méconnus.

L'étude des plantes, qui n'est qu'un amusement pour les gens du monde, est de nécessité pour le médecin qui les emploie dans le traitement des maladies, pour le pharmacien chargé de leur préparation, pour l'herboriste qui les recueille, pour l'agriculteur que cette étude doit éclairer sur le choix des plantes à cultiver selon la nature et l'exposition des différentes sortes de terre; pour le teinturier qui trouvera souvent, dans l'analogie des espèces, le moyen d'étendre les ressources de son art : on peut en dire autant du parfumeur, du distillateur, et de beaucoup d'autres professions fondées sur l'emploi des plantes. A la vérité, la connaissance générale des plantes n'est pas nécessaire dans ces différens états ; il suffit que ceux qui les exercent connaissent assez les principes de la science, pour n'être pas dans le cas de confondre une plante avec une autre ; que chacun d'eux s'attache ensuite à la connaissance des espèces relatives à la partie qu'il cultive : mais il sera toujours autant agréable que facile de connaître du moins les plantes du pays que l'on habite. Cette recherche, qu'on pourrait croire très-difficile, n'exige d'autres peines que de diriger vers ce but des promenades, qui auront dès-lors un intérêt particulier, et nous apprendront que l'homme n'est jamais seul dans la nature, quand il sait en étudier les productions.

Avant d'entrer dans les détails qui appartiennent aux plantes individuellement, j'ai cru devoir fixer les regards sur ce vaste tableau, que présente à la surface du globe l'ensemble de la végétation, considérer ces grandes familles distribuées dans les différentes contrées de la terre, relativement au climat, à la température, à l'élevation du terrain, à la nature du sol ; rechercher ensuite comment s'établit insensiblement la végétation dans des terres jusque-là stériles ou de nouvelle formation ; puis, reconnaissant dans les plantes un grand nombre de rapports avec les autres êtres de la nature, essayer de saisir ces rapports, et faire sentir, d'une manière plus évidente, le rang et les fonctions que remplissent les végétaux parmi les êtres de la création ; comment ils contribuent à l'harmonie de cet univers, dont toutes les parties sont dans une concordance si admirable.

Ces vues générales, qui nous peignent la nature dans toute

la majesté de ses œuvres, en forment la véritable science, lorsque ensuite elles se joignent à des détails qui n'auraient, sans elles, qu'un faible intérêt : alors nous verrons la vie se propager avec rapidité sur toutes les parties de notre globe, se montrer d'abord dans les végétaux, se perfectionner dans les animaux, et recevoir dans l'homme toute sa plénitude. Ces considérations nous apprendront à ne dédaigner aucune des productions naturelles, telles petites qu'elles puissent être, et nous reconnaîtrons avec étonnement que les êtres qui paraissent les moins dignes de notre attention, sont peut-être ceux qui en méritent le plus dans l'ordre de la végétation.

Descendant alors de ces hautes considérations, nous sentirons combien il devient intéressant de connaître plus particulièrement la constitution de ces êtres qui occupent, dans l'ordre des choses, un rang si distingué; nous nous occuperons donc à les étudier dans leurs organes, leurs fonctions, dans tous les phénomènes qui appartiennent à la vie végétative.

Tout ce qui concerne les plantes individuellement étant connu, et l'esprit exercé à en séparer toutes les parties, c'est alors que, pour les étudier isolément, pour apprendre à les distinguer, pour reconnaître le rang que chacune d'elles doit occuper dans la longue série des espèces, il faut avoir recours aux méthodes établies pour cet objet, partie importante sans doute, presque la seule dont on se soit occupé pendant longtemps, qui n'est point la science, mais qui en règle, qui en dirige la marche, et vient au secours de l'esprit humain, trop faible pour embrasser l'ensemble des êtres dans tous leurs détails, sans se former des points de repos, des divisions qui ne sont pas toujours celles de la nature, mais que nécessite la trop grande multiplicité des êtres naturels : tel est le plan que je me propose de suivre dans la distribution de cet ouvrage.

LIVRE PREMIER.

VUES GÉNÉRALES.

CHAPITRE PREMIER.

TABLEAU DE LA VÉGÉTATION A LA SURFACE DU GLOBE.

Le Créateur des mondes ne s'est pas borné à décorer le nôtre de tout le luxe d'une brillante végétation; il a voulu la varier à chaque localité, en diversifier les formes à l'infini dans la disposition de leur ensemble, dans leur petitesse ou leur grandeur, dans la correspondance ou le contraste de toutes leurs parties. Elégance dans leur port, richesse dans leurs couleurs, délicatesse dans leurs parfums, tels sont les dehors séduisans sous lesquels se montrent aux yeux de l'homme, ces fleurs variées et nombreuses, filles aimables du printemps. Quelle est donc cette toute-puissance qui couvre de végétaux la roche stérile, peuple les déserts, porte la végétation jusque dans le fond des fleuves, jusque dans les abîmes de l'Océan? Quel sublime pinceau a dessiné à grands traits ces riches décorations de la demeure de l'homme? Qui pourrait ne pas y reconnaître la main invisible du Créateur? il ne fait que l'ouvrir; des nuages de fleurs s'en échappent, et se répandent sur le sein de la nature.

Tous les hommes sont admis à la jouissance de ce spectacle; mais il n'appartient qu'à l'homme éclairé par l'observation, d'en jouir dans toute sa plénitude, d'en saisir la belle ordonnance. Au milieu de cette apparente confusion, il reconnaîtra que les plantes n'ont pas été jetées au hasard à la surface du globe; que chacune d'elles est à sa place, qu'elle ne peut être ailleurs; que la beauté des sites, la variété des paysages disparaîtraient s'ils n'étaient revêtus des ornemens qui leur sont propres; que les plantes des rivages seraient déplacées sur les hauteurs, tandis que celles des montagnes, descendant du sommet glacé de leur vaste amphithéâtre, ne produiraient plus le même effet dans nos plaines uniformes; qu'elles y perdraient leurs grâces naturelles, ainsi que la douceur de leurs parfums, ou la vivacité de leurs couleurs : telles se présentent la plupart de celles que nous sommes parvenus à pouvoir cultiver. Les fleurs, quelque brillantes qu'elles soient dans nos parterres, nous ont-elles jamais inspiré le même intérêt, que lorsque nous les rencontrons dans leur lieu natal? L'ordre symétrique, cet air de parure que nous leur donnons, vaut-il l'aimable désordre qui règne dans leur distribution au milieu des campagnes, éparses dans les bois, ou répandues dans les prairies?

A la vérité, la végétation n'est pas également brillante partout : relative aux lieux qu'elle doit embellir, elle prend le caractère de convenance qui se lie le mieux avec l'aspect des localités. Gaie et riante sur le bord des ruisseaux, élégante et gracieuse dans les vallées, riche, majestueuse dans les grandes plaines, elle n'est plus la même lorsqu'elle se montre sur la roche brûlante, ou qu'elle lutte sur les Alpes avec la neige et les glaces. Ainsi, dans cette admirable répartition des végétaux à la surface du globe, aucun lieu n'a été oublié; chacune de ses parties, si l'on en excepte le sable du désert, est revêtue de la parure qui lui convient. Vingt, trente lieues de plaine et plus, dans la même contrée, à la même exposition, produiront partout à peu près les mêmes végétaux; mais si cette plaine est entrecoupée par des forêts, sillonnée par des vallons, hérissée de rochers et de montagnes, arrosée par des ruisseaux; si le sol est variable, s'il est humide ou sec, tourbeux ou crétacé, la masse des plantes variera également à chaque changement de situation et de température.

Si les localités d'un même pays nous offrent des plantes très-différentes, elles le sont encore bien davantage à mesure que nous nous avançons du Midi au Nord, du Levant au Couchant, et surtout lorsque nous passons d'un continent dans un autre, soit que nous parcourions la brûlante Afrique, les vastes contrées de l'Asie, ou les îles nombreuses de l'Amérique. Dans la plupart de ces contrées, la végétation est si abondante, si variée dans ses formes, si éloignée de celles que nous connaissons, que souvent nous aurions peine à croire les voyageurs, si leurs récits ne nous étaient confirmés par la possession des objets dont ils nous parlent; mais nous ne les connaissons qu'isolés, tronqués, altérés. C'est dans leur lieu natal qu'il faut les observer, pour se former une idée de la richesse et de la belle ordonnance que la nature a établies dans toutes ses productions. Écoutons la-dessus un de nos plus célèbres voyageurs, M. de Humboldt, dans ses *Tableaux de la nature*.

« C'est, dit-il, sous les rayons ardens du soleil de la zone torride, que se déploient les formes les plus majestueuses des végétaux. Au lieu de ces lichens et de ces mousses épaisses qui, dans les frimas du Nord, revêtent l'écorce des arbres, sous les tropiques, au contraire, la vanille odorante, les *cymbidium* animent le tronc de l'acajou (*anacardium*) et du figuier gigantesque; la fraîche verdure des feuilles du pothos contraste avec les fleurs des orchidées, si variées en couleurs; les *bauhinia*, les grenadilles grimpantes, et les *banisteria* aux fleurs d'un jaune doré, enlacent le tronc des arbres des forêts; des fleurs délicates naissent des racines du cacaotier (*theobroma*), ainsi que de l'écorce épaisse et rude du calebassier (*crescentia*) et du *gustavia*. Au milieu de cette abondance de fleurs et de fruits, au milieu de cette végétation si riche, et de cette confusion de plantes grimpantes, le naturaliste a souvent de la peine à reconnaître à quelle tige appartiennent les feuilles et les fleurs. Un seul arbre, orné de *paullinia*, de *bignonia*, de *dendrobium*, forme un groupe de végétaux, qui, séparés les uns des autres, couvriraient un espace considérable.

« Dans la zone torride, les plantes sont plus abondantes en sucs, d'une verdure plus fraîche, et parées de feuilles plus grandes et plus brillantes que dans les climats du Nord. Les végétaux, qui vivent en société, et qui rendent si monotones les campagnes de l'Europe, manquent presque entièrement dans les régions équatoriales. Des arbres, deux fois aussi élevés que nos chênes, s'y parent de fleurs aussi grandes et aussi belles que nos lis. Sur les bords ombragés de la rivière de la Madeleine, dans l'Amérique méridionale, on voit une aristoloche grimpante (*aristolochia cordiflora*, Kunth), dont les fleurs ont quatre pieds de circonférence.

« La hauteur prodigieuse à laquelle s'élèvent, sous les tropiques, non-seulement des montagnes isolées, mais même des contrées entières, et la température froide de cette élévation, procurent, aux habitans de la zone torride, un coup d'œil extraordinaire. Outre les groupes de palmiers et de bananiers, ils ont aussi autour d'eux des formes de végétaux, qui semblent n'appartenir qu'aux régions du Nord. Des cyprès, des sapins et des chênes, des épines-vinettes et des aulnes, qui se rapprochent beaucoup des nôtres, couvrent les cantons montueux du sud du Mexique, ainsi que la chaîne des Andes sous l'équateur. Dans ces régions, la nature permet à l'homme de voir, sans quitter le sol natal, toutes les formes de végétaux répandus sur la surface de la terre, et la voûte du ciel, qui se déploie d'un pôle à l'autre, ne lui cache aucun des mondes resplendissans. Ces jouissances naturelles, et une infinité d'autres, manquent aux peuples du Nord. Plusieurs constellations, et plusieurs formes de végétaux, surtout les plus belles, celles des palmiers et des bananiers, les graminées et les fougères arborescentes, ainsi que les *mimosa*, dont le feuillage est si finement découpé, leur restent inconnus pour toujours. Les individus languissans, que renferment nos serres chaudes, ne peuvent offrir qu'une faible image de la majesté de la végétation dans la zone torride.

« Celui qui sait d'un regard embrasser la nature, et faire abstraction des phénomènes locaux, voit comme, depuis le pôle jusqu'à l'équateur, à mesure que la chaleur vivifiante augmente, la force organique et la vie augmentent aussi graduellement : mais, dans le cours de cet accroissement, des beautés particulières sont réservées à chaque zone; aux climats du tropique, la diversité des formes et la grandeur des végétaux; aux climats du Nord, l'aspect des prairies, et le réveil périodique de la nature aux premiers souffles de l'air printannier. Outre les avantages qui lui sont propres, chaque zone a aussi son caractère. Si l'on reconnaît, dans chaque individu organisé, une physionomie déterminée, de même on peut distinguer une certaine physionomie naturelle, qui convient exclusivement à chaque zone. Des espèces semblables de plantes, telles que les pins et les chênes, couronnent également les montagnes de la Suède, et celles de la partie la plus méridionale du Mexique; cependant, malgré cette correspondance de formes, et cette similitude des contours partiels, l'ensemble de leurs groupes présente un caractère entièrement différent.

« La grandeur et le développement des organes dans les plantes dépendent du climat qui les favorise. Dans l'impuissance de peindre complétement les plantes de l'Amérique, nous hasarderons de tracer les caractères des groupes les plus saillans, en commençant par les palmiers : ils ont, entre tous les végétaux, la forme la plus élevée et la plus noble; c'est à elle que les peuples ont adjugé le prix de la beauté. Leurs tiges hautes, élancées, cannelées, quelquefois garnies de piquans, sont terminées par un feuillage luisant, tantôt ailé, tantôt disposé en éventail. Leur tronc lisse atteint souvent une hauteur de cent quatre-vingts pieds. La grandeur et la beauté des palmiers diminuent à mesure qu'ils s'éloignent de l'équateur pour se rapprocher des zones tempérées. Un caractère frappant, et qui en varie l'aspect très-agréablement, c'est la direction des feuilles. Les folioles très-serrées du dattier et du cocotier produisent de beaux reflets de lumière à la face supérieure des feuilles, d'un vert plus frais dans le cocotier, plus mat et comme cendré dans le dattier. Quelle différence d'aspects entre les feuilles pendantes du *palma de covija* de l'Orénoque, même entre celles du dattier, du cocotier, et entre les branches du *jagua* et du *pirijao*, qui pointent vers le ciel! La nature a prodigué toutes les beautés de formes au palmier *jagua*, qui couronne les rochers granitiques des cataractes d'*Aturès* et de *Maypures*. Leurs tiges élancées et lisses atteignent une hauteur de cent soixante à cent soixante-dix pieds; de sorte que, suivant l'expression de Bernardin de Saint-Pierre, elles s'élèvent en portique au-dessus des forêts. Cette cîme aérienne contraste d'une manière surprenante avec le feuillage épais des *ceiba*, avec les forêts de lauriers et de mélastomes qui l'entourent. Dans les palmiers à feuilles palmées, le feuillage touffu est souvent posé sur une couche de feuilles desséchées, ce qui donne à ces végétaux un caractère mélancolique.

« Dans toutes les parties du monde, la forme des palmiers se réunit à celle des bananiers. Leur tige, plus basse, mais plus succulente, est presque herbacée, et couronnée de feuilles d'une contexture mince et lâche, avec des nervures délicates et luisantes comme de la soie. Les bosquets des bananiers sont la parure des cantons humides. C'est dans leurs fruits que repose la subsistance de tous les habitans des tropiques : ils ont accompagné l'homme dès l'enfance de la civilisation. Si les champs vastes et monotones, que couvrent les céréales répandues par la culture dans les contrées septentrionales de la terre, embellissent peu l'aspect de la nature, l'habitant des tropiques, au contraire, en s'établissant, multiplie, par les plantations de bananiers, une des formes de végétaux les plus nobles et les plus magnifiques.

« Les feuilles finement ailées des *mimosa*, des *acacia*, des *gleditsia*, des tamarins, etc., ont une forme que les végétaux affectent particulièrement entre les tropiques. Cependant on en trouve ailleurs que dans la zone torride : ils ne manquent pas aux États-Unis d'Amérique, où la végétation est plus variée, plus vigoureuse qu'en Europe, quoiqu'à une latitude semblable. Le bleu foncé du ciel de la zone torride, qu'on aperçoit à travers leur feuillage délicatement ailé, est d'un effet extrêmement pittoresque.

« Les cactiers ou les cierges (*cactus*) se montrent presque exclusivement en Amérique. Leur forme est tantôt sphérique, tantôt articulée ; tantôt elle s'élève comme des tuyaux d'orgues, en longues colonnes cannelées. Ce groupe forme, par son extérieur, le contraste le plus frappant avec celui des liliacées et des bananiers ; il fait partie des plantes que Bernardin de Saint-Pierre a si heureusement nommées les sources *végétales du désert*. Dans les plaines dénuées d'eau de l'Amérique du sud, les animaux, tourmentés par la soif, cherchent le *melocactus*, végétal sphérique à moitié caché dans le sable, enveloppé de piquans redoutables, et dont l'intérieur abonde en sucs rafraîchissans. Les tiges du cactier en colonne parviennent jusqu'à trente pieds de hauteur, et forment des espèces de candelabres : leur physionomie a une forme frappante avec celle de quelques euphorbes d'Afrique.

« Tandis que les cactiers forment des *oasis* dispersées dans le désert privé de végétation, que les orchidées, sous la zone torride, animent les fentes des rochers les plus sauvages, et les troncs des arbres noircis par l'excès de la chaleur, la forme des vanilles se fait remarquer par des feuilles d'un vert clair, remplies de suc, et par des fleurs de couleurs panachées, d'une structure singulière : ces fleurs ressemblent à un insecte ailé, ou à cet oiseau si petit qu'attire le parfum des nectaires. La vie d'un peintre ne suffirait pas pour peindre toutes ces orchidées magnifiques qui ornent les vallées profondément sillonnées des andes du Pérou.

« Les casuarinées, qu'on ne trouve que dans les Indes et les îles du grand Océan, sont dénués de feuilles, comme la plupart des cactiers : ce sont des arbres dont les branches sont articulées comme celles des prêles. Cependant on trouve dans d'autres parties du monde des traces de ce type, plus singulier qu'il n'est beau. Les pins, les thuya, les cyprès appartiennent à une forme septentrionale, qui est peu commune dans la zone torride. Leur verdure continuelle et toujours fraîche égaie les paysages attristés par l'hiver, et annonce en même temps aux peuples voisins des pôles, que, lors même que la neige et les frimas couvrent la terre, la vie intérieure des plantes, semblable au feu de Prométhée, ne s'éteint jamais sur notre planète.

« Les mousses et les lichens, dans nos climats septentrionaux, les aroïdes, sous les tropiques, sont parasites aussi bien que les orchidées, et revêtent les troncs des arbres vieillissans : ils ont des tiges charnues et herbacées, des feuilles sagittées, digitées ou allongées, mais toujours avec des veines très-grosses. Les fleurs sont renfermées dans des spathes. Ces végétaux appartiennent plutôt au nouveau continent qu'à l'ancien. Le *caladium*, le *pothos* n'habitent que la zone torride.

« A cette forme des aroïdes, se joint celle des lianes, d'une vigueur remarquable dans les contrées les plus chaudes de l'Amérique méridionale; tels sont les *paullinia*, les *banisteria*, les *bignonia*, etc. Notre houblon sarmenteux et nos vignes peuvent nous donner une idée de l'élégance des formes de ce groupe. Sur les bords de l'Orénoque, les branches sans feuilles des *bauhinia* ont souvent quarante pieds de long : quelquefois elles tombent perpendiculairement de la cîme élevée des acajous; quelquefois elles sont tendues en diagonales d'un arbre à l'autre, comme les cordages d'un navire. La forme roide des aloès bleuâtres contraste avec la forme souple des lianes sarmenteuses, d'un vert frais et léger. Leurs tiges, quand ils en ont, sont la plupart sans divisions, à nœuds rapprochés, torses sur elles-mêmes, comme des serpens, et couronnées à leur sommet de feuilles succulentes, charnues, terminées par une longue pointe, et disposées en rayons serrés. Les aloès à tige haute ne forment pas des groupes comme les végétaux qui aiment à vivre en société; ils croissent isolés dans des plaines arides, et donnent par-là, aux régions du tropique, un caractère particulier de mélancolie. Une roideur et une immobilité triste caractérisent la forme des aloès; une légèreté riante et

une souplesse mobile distinguent les graminées, et, en particulier, la physionomie de celles qui sont arborescentes. Les bosquets des bambous forment, dans les deux Indes, des allées ombragées. La tige lisse, souvent recourbée et flottante des graminées des tropiques, surpasse en hauteur celle de nos aulnes et de nos chênes.

« La forme des fougères ne s'ennoblit pas moins que celle des graminées dans les contrées chaudes de la terre. Les fougères arborescentes, souvent hautes de trente-cinq pieds, ressemblent à des palmiers; mais leur tronc est moins élancé, plus raccourci, et très-raboteux. Leur feuillage plus délicat, d'une contexture plus lâche, est transparent, légèrement dentelé sur les bords. Ces fougères gigantesques sont presque exclusivement indigènes de la zone torride; mais elles préfèrent, à l'extrême chaleur, un climat moins ardent. L'abaissement de la température étant une conséquence de l'élévation du sol, on peut considérer, comme le séjour principal de ces fougères, les montagnes élevées de deux à trois mille pieds audessus du niveau de la mer. Les fougères à hautes tiges accompagnent, dans l'Amérique méridionale, cet arbre bienfaisant dont l'écorce guérit la fièvre. La présence de ces deux végétaux indique l'heureuse région où règne continuellement la douceur du printemps. »

Après avoir observé avec M. de Humboldt la riche végétation des plus belles contrées de l'Amérique, si nous nous transportons sur les côtes sauvages et désertes de la Nouvelle-Hollande, avec MM. de la Billardière, Brown et Peyron, nous trouverons, dans le peu que l'on connaît de ce vaste continent, des végétaux tout à fait différens, quoiqu'au même degré de latitude. Ceux qu'on y a recueillis, se rapprochent davantage des plantes de l'ancien continent; celles destinées à la nourriture de l'homme, y sont aussi rares qu'elles sont communes en Amérique; aussi ces contrées paraissent presque inhabitées, et les hommes qui y vivent, ont à peine un commencement de civilisation, tant est puissante l'influence des végétaux utiles pour la multiplication et le perfectionnement du genre humain. En renvoyant le lecteur aux ouvrages publiés, sur les plantes de la Nouvelle-Hollande, par MM. de la Billardière et Brown, je me bornerai à rapporter ici ce que M. Peyron nous a présenté de plus intéressant sur la végétation de la terre Van-Diémen.

« C'est un spectacle bien singulier, dit ce savant naturaliste, que celui de ces forêts profondes, filles antiques de la nature et du temps, où le bruit de la hache ne retentit jamais, où la végétation, plus riche tous les jours de ses propres produits, peut s'exercer sans contrainte, se développer partout sans obstacle; et, lorsqu'aux extrémités du globe, de telles forêts se présentent exclusivement formées d'arbres inconnus à l'Europe, de végétaux singuliers dans leur organisation, dans leurs produits variés, l'intérêt devient plus vif et plus pressant : là, règnent habituellement une ombre mystérieuse, une grande fraîcheur, une humidité pénétrante; là, croulent de vétusté ces arbres puissans d'où naquirent tant de rejetons vigoureux : leurs vieux troncs, décomposés maintenant par l'action réunie du temps et de l'humidité, sont couverts de mousses et de lichens parasites. Leur intérieur recèle de froids reptiles, de nombreuses légions d'insectes; ils obstruent toutes les avenues des forêts; ils se croisent en mille sens divers : partout ils s'opposent à la marche, et multiplient autour du voyageur les obstacles et les dangers; quelquefois ils forment, par leur entassement, des digues naturelles de vingt-cinq ou trente pieds d'élévation; ailleurs, ils sont renversés sur le lit des torrens, sur la profondeur des vallées, formant alors autant de ponts naturels dont il ne faut se servir qu'avec défiance.

« A ce tableau de désordre et de ravages, à ces scènes de mort et de destruction, la nature oppose, pour ainsi dire, avec complaisance, tout ce que son pouvoir créateur peut offrir de plus imposant. De toutes parts on voit se presser, à la surface du sol, ces beaux *mimosa*, ces superbes *metrosideros*, ces *correa* inconnus naguère à notre patrie, et dont s'enorgueillissent déjà nos bosquets. Des rives de l'Océan, jusqu'au sommet des plus hautes montagnes de l'intérieur, on observe les puissans *eucalyptus*, ces arbres géans des forêts australes, dont plusieurs n'ont pas moins de cent soixante à cent quatre-vingts pieds de hauteur, sur une circonférence de vingt-cinq à trente et trente-six pieds. Les *bancksia* de diverses espèces, les *protea*, les *embothrium*, les *leptospermum*, se développent comme une charmante bordure sur la lisière des bois : ailleurs se dessinent les *casuarina* si remarquables par leur port, si précieux par la solidité, par les riches marbrures de leur bois; l'élégant *exo-*

carpos projette en cent endroits divers ses rameaux négligés comme ceux du cyprès : plus loin paraissent les *xanthorrea*, dont la tige solitaire s'élance à douze ou quinze pieds au-dessus d'une souche écailleuse et rabougrie, d'où suinte abondamment une résine odorante ; en quelques lieux se montrent les *cycas*, dont les noix, enveloppées d'un épiderme écarlate, sont si perfides et si vénéneuses : partout se reproduisent de charmans bosquets de *melaleuca*, de *thesium*, de *conchium*, d'*evodia*, tous également intéressans par leur port gracieux, ou par la belle verdure de leur feuillage, ou par la singularité de leur corolle et de leur fruit. Au milieu de tant d'objets inconnus, l'esprit s'étonne, et ne peut qu'admirer cette inconcevable fécondité de la nature, qui fournit à tant de climats divers des productions si particulières, et toujours si riches et si belles. »

L'heureux climat de l'Inde est peut-être le lieu de la terre où la nature étale avec plus de profusion le luxe de la végétation : habité par des peuples parvenus depuis longtemps à un haut degré de civilisation, les végétaux semblent être sortis également de leur état sauvage : tous offrent les formes les plus élégantes, et paraissent réfléchir, par la vivacité de leurs couleurs, ces flots de lumière que l'astre du jour verse continuellement dans leurs corolles. Ces belles contrées sont parfumées au loin par les plus précieux aromates, embellies par la famille superbe des liliacées : à peine peut-on y reconnaître quelques-unes des plantes observées en Europe. Là croissent ces végétaux qui fournissent au commerce ces gommes, ces résines odorantes portées à un si haut prix ; ces plantes médicinales, qui, pendant longtemps, n'ont été connues que par leurs produits, et par des dénominations insignifiantes. C'est là que l'on apprend à quels arbrisseaux, à quelles plantes il faut rapporter le bois de campêche, le bois de couleuvre, la noix vomique, les casses, les myrobolans, le tamarin, le curcuma, le galanga, le gingembre, le cardamome, le zédoaire, le sang de dragon, etc. Dans les prés, dans les campagnes, végètent une immense quantité de jolies plantes, dont quelques-unes font la richesse de nos jardins, les beaux *clerodendrum*, les *justicia*, les *achyranthes*, les *cerbera*, les *pontederia*, les *eranthemum*, les *gloriosa*, les *croton*, les *acalypha*, etc.

Dans ce tableau général de la végétation, n'oublions pas

un autre coin du globe où la nature semble s'être plue à montrer sa munificence dans le nombre infini d'espèces appartenant aux mêmes genres, à des genres dont le type de la plupart existait déjà dans notre Europe; à les mélanger avec d'autres genres particuliers à ce climat, et dont quelques-uns ont été remarqués parmi les plantes de l'Amérique! tel se présente le Cap de Bonne-Espérance aux yeux du naturaliste qui le visite pour la première fois : il est frappé d'étonnement à la vue de ces roches montueuses couvertes de plantes grasses, d'aloès, de *mesembrianthemum*, de stapélies, de *crassula*, de tétragones, etc. S'il pénètre dans les forêts, ce n'est plus celles de l'Europe ou de l'Amérique : il les voit toutes brillantes de cet éclat d'or et d'argent répandu sur les feuilles des nombreux *protea*. Traverse-t-il de vastes plaines? il peut à peine y compter les espèces infinies de bruyère, les *borbonia*, les *blœria*, les *penœa*, etc. Les buissons et les bois sont composés d'une foule d'arbrisseaux peu connus, de jolis *phylica*, de passerines, de myrsinites, de *tarconanthes*, d'*anthospermum*, de *royena*, d'*halleria*, etc., tandis que dans les prés naissent à l'envi les nombreux *geranium*, les *ixia*, les glayeuls, les lobélies, les *hémanthes*, les sélagines, les stébées, les immortelles, etc., dont plusieurs brillent aujourd'hui dans nos parterres, ou font l'ornement de nos serres. Les seules espèces que nous possédons sont en si grand nombre, que nous avons peine à croire qu'elles puissent appartenir à une seule localité. Nous comptons plusieurs centaines de bruyères, de geranium, etc.

Pour connaître l'œuvre de la nature, il nous a fallu l'observer dans ces contrées où la terre, abandonnée à ses productions naturelles, n'a point encore été bouleversée par la main de l'homme. Partout où celui-ci a établi sa puissance, il a soumis à son empire tout ce qui pouvait contribuer à son bien-être, embellir sa demeure : les animaux sont devenus ses esclaves; de riches moissons, de vastes prairies ont remplacé les végétaux agrestes et sauvages; d'antiques forêts sont tombées sous la hache, et la terre, dépouillée de ses premières productions, n'offre plus au loin, aux yeux de l'observateur, qu'un vaste jardin créé par l'industrie humaine. L'arbre des montagnes est descendu dans les plaines, et la plante exotique, plus utile ou plus agréable, a chassé de son sol natal la plante nuisible ou sans utilité pour l'homme. Ce n'est donc que loin des grandes sociétés, dans des terres étrangères, dans des terres encore vierges, qu'on peut étudier la végétation dans son état naturel, la saisir dans ses modifications, dans son développement et ses progrès.

Cependant il existe encore des terrains en Europe que le pouvoir de l'homme n'a pu soumettre en totalité; mais ce n'est que parmi les roches sourcilleuses, et jusque sur le sommet des Alpes, qu'il les faut chercher. Là, des monts élevés sur des monts, s'élançant jusqu'au delà des nues, forment autant de gradins garnis chacun d'une végétation particulière, et dont le caractère change à chaque degré d'élévation; là, se succède, à mesure que l'on s'élève, la température des divers climats, depuis celle des tropiques jusqu'à celle des pôles, ainsi que plusieurs des végétaux particuliers à chacun de ces climats.

Au pied de ces montagnes et dans les vallées inférieures végètent les plantes des plaines, et une partie de celles des contrées méridionales de l'Europe. Des forêts de chêne occupent le premier plan; elles s'élèvent, mais en perdant à mesure de leur force et de leur beauté, jusqu'à une hauteur d'environ huit cents toises, dernier terme de leur habitation. Le hêtre s'y montre également; mais le chêne a déjà disparu, qu'on retrouve encore des hêtres plus de cent toises audessus. Dans la zone qui leur succède, ces arbres, plus exposés à l'impétuosité des vents, offriraient trop de prise à leur action par leur cîme épaisse et leurs larges feuilles. Le pin, l'if, le sapin, garnis d'un feuillage finement découpé, élèvent impunément, jusque vers les nues, leur tronc robuste, peu ramifié. L'action des vents ne trouvant plus la même résistance, se divise et perd de sa force entre leurs feuilles courtes et menues. Cependant ces arbres ne peuvent guère parvenir au delà de mille toises : c'est alors que des bois d'aliziers et de bouleaux, des touffes de coudriers et de saules, des berceaux de rhododendrum osent braver le froid et les tempêtes jusqu'à la hauteur de douze cents toises. Audessus, se montrent, mais avec une stature bien plus basse, une foule de jolis et d'élégans arbustes, les daphnés, les passerines, les globulaires, des saules rampans, quelques cistes ligneux.

Au de-là, jusqu'à la région des glaces, on ne trouve presque plus de végétaux ligneux, si l'on en excepte quelques bouleaux nains, quelques saules rabougris, longs à peine de quelques pouces. Un gazon court, gracieux et touffu sort tous les étés de dessous des monts de neiges, et se couvre d'une foule de jolies petites fleurs à feuilles en rosettes, à hampe nue, à racines vivaces : c'est la patrie des nombreuses saxifrages, des élégantes primevères, des gentianes, des renoncules, et d'une foule d'autres plantes en miniature. L'affreuse nudité des pôles règne sur le sommet de ces montagnes surchargées de glaces perpétuelles : s'il y reste encore quelques traces de végétation, elle n'existe que dans quelques lichens, qui cherchent, comme ils le font ailleurs, à y jeter, mais en vain, les bases de la végétation.

Ainsi le voyageur, parvenu sur ces montagnes, à la région des glaces, a éprouvé en peu d'heures les divers degrés de température qui règnent dans chaque climat depuis les tropiques jusqu'aux pôles : il a pu observer une partie des plantes qui croissent depuis environ le 45° de latitude jusqu'au 70°, c'est-à-dire dans une longueur d'environ huit cents lieues, phénomène qui existe sur toutes les hautes montagnes, tant de l'ancien que du nouveau continent, avec quelques modifications particulières aux localités. Les observations faites par M. de Humboldt dans les régions équinoxiales et sur les plus hautes montagnes de notre globe, nous en fournissent la preuve. On y retrouve, mais seulement à la hauteur de cinq cents toises, le même ordre dans la gradation des espèces : à la vérité, celles-ci ne sont plus les mêmes qu'en Europe, mais elles ont le même caractère de correspondance dans leur port, leur grandeur, leur consistance. La zone brûlante, qui occupe l'espace inférieur depuis le niveau de la mer jusqu'à cette hauteur, jouissant d'une température inconnue à notre Europe, est habitée par des végétaux particuliers à ce climat : c'est, comme nous l'avons vu plus haut, la patrie des palmiers, des bananiers, des amomes, des fougères en arbre, etc. Ce n'est donc qu'à la hauteur de cinq cents toises que commence, sur les montagnes de la zone torride, le climat correspondant à la base des Alpes, à partir du niveau de la mer, et ce ne peut être que là où commence également la zone des plantes correspondantes à celles de l'Europe.

Tel se développe aux regards de l'homme le spectacle toujours varié, sans cesse renaissant de la végétation, spectacle riche dans sa composition, admirable dans ses contrastes, sublime dans son harmonie, et qui n'a coûté à la nature que de soumettre les formes à l'influence des diverses températures, je dis des températures, et non des climats. Il est en effet très-essentiel de remarquer que la production des espèces végétales est bien plus dépendante de l'action de la chaleur ou du froid, de la sécheresse ou de l'humidité, que de la différence des climats, tellement qu'on peut rencontrer, comme en effet on rencontre assez souvent, les mêmes espèces à des latitudes très-différentes, mais où règne, par les circonstances locales, le même degré de température : c'est ainsi que nous trouvons, sur les hautes montagnes des contrées méridionales de notre Europe, des plantes de la Suède, de la Norwège, et même celles de la Laponie et du Spitzberg. Tournefort avait fait la même observation dans l'Asie mineure, sur le mont Ararat. Au pied de la montagne se présentent les plantes de l'Arménie; à mesure qu'on s'élève, celles de l'Italie et du midi de la France, puis celles de Suède, et, approchant du sommet, les plantes de la Laponie. C'est par des moyens aussi simples, que la nature a écarté de la surface du globe cette monotone uniformité qu'y produiraient les plantes, si partout elles étaient les mêmes; mais, soumises aux influences de l'atmosphère, que de formes variées elles offrent à notre admiration! Une température constamment humide et chaude, telle que celle des contrées équinoxiales, entretenue par les rayons d'un soleil brûlant, par les émanations d'un sol arrosé par le débordement des grands fleuves et des lacs, donne à la végétation cette vigueur qui étonne dans ces grands et superbes végétaux particuliers à ces climats. Une autre forme de plantes se montre dans ces contrées exposées à l'alternative des saisons chaudes et froides; elle est plus égale sur les côtes maritimes, où la température est moins variable; mais les plantes prennent un autre aspect sur les hautes montagnes, où soufflent fréquemment des vents secs et froids; elles varient peu dans les eaux douces, dans celles de la mer, se trouvant placées dans un milieu moins sujet aux intempéries de l'atmosphère. L'intensité et la durée de la lumière, les nuits longues et humides, occasionent autant de modifications différentes dans les formes végétales : aussi la nature a tellement fixé la station des plantes, que jamais les saules nains et rampans ne descendront du sommet de leurs montagnes pour se placer avec nos saules-osiers sur le bord des ruisseaux, et les primevères, qui décorent les pelouses des Alpes, ne viendront pas se mêler à celles de nos prairies.

De ces considérations est née l'idée d'une géographie botanique, dans laquelle les plantes sont distribuées par groupes, qui ont chacun leur hauteur déterminée, leur climat, leurs limites. Plusieurs naturalistes se sont livrés à ce genre d'observations, mais aucun ne l'a porté aussi loin que M. de Humboldt, qui a publié, sur ce sujet, des mémoires d'un grand intérêt. D'après les observations de ce savant voyageur, et celles faites en partie avant lui, on voit les plantes crucifères et les ombellifères disparaître presque entièrement dans les plaines de la zone torride, tandis qu'elle est le séjour des palmiers, des fougères en arbre, des graminées gigantesques, des orchidées parasites. Dans les zones tempérées croissent en abondance les malvacées, les labiées, les composées, les caryophyllées, très-rares sous l'équateur. Les conifères, un grand nombre d'arbres amentacés appartiennent aux régions boréales. Il est d'autres familles qui se retrouvent presque dans toutes les contrées du globe, telles que les graminées, les cypéracées, mais sous des formes différentes, selon les températures. Les unes rivalisent presque de grandeur avec les palmiers, tels sont les bambous, etc.; d'autres ne forment qu'un gazon court et touffu. Les bornes de cet ouvrage ne me permettant pas de donner plus de développement à ces intéressantes considérations, je renvoie le lecteur aux savantes dissertations de Linné, *Stationes et coloniæ plantarum*, au *Tentamen historiæ geographicæ vegetabilium* du professeur Strohmayer, et particulièrement aux mémoires de MM. de Humboldt et Ramond.

CHAPITRE SECOND.

ÉTABLISSEMENT DE LA VÉGÉTATION A LA SURFACE DU GLOBE.

Nous venons de voir la végétation couvrir de verdure et de fleurs toutes les parties de notre globe : nous l'avons vue se propager du fond des vallées jusque sur les lieux les plus élevés, résister dans les plaines aux rayons brûlans du soleil, lutter sur les montagnes avec les frimas, sortir chaque été de dessous les neiges, et ne s'arrêter qu'à la zone des glaces perpétuelles. Mais comment cette végétation peut-elle parvenir à couvrir la nudité des rochers, à fixer la mobilité des sables, à s'implanter dans les tufs pierreux, à convertir des lacs immenses en marais, ceux-ci en forêts ou en terre labourable? car telle était, telle est encore la surface du globe dans tous les lieux privés de végétation, soit dans les îles nouvellement sorties du sein des eaux, soit dans les sols bouleversés par des accidens particuliers, ou dépouillés, par d'autres circonstances, de leur antique verdure; telle aussi nous la retrouvons, si nous enlevons la couche plus ou moins épaisse du terreau qui la revêt. Cette terre est donc de nouvelle formation, ainsi que la végétation qu'elle entretient; elle n'a point été formée simultanément avec le rocher qui la soutient, avec le lit de sable qu'elle recouvre.

Cette importante observation échappe au commun des hommes. Accoutumé à voir, au retour de chaque printemps, les mêmes fleurs reparaître, les mêmes prairies reverdir, à peine a-t-on réfléchi sur l'origine de cette belle et abondante végétation, ou plutôt la rapportant à l'époque de la création générale des êtres, elle nous semblait se perdre dans l'obscurité mystérieuse de la formation des mondes, et nous nous trouvions dispensés dès lors de chercher par quels moyens la nature était parvenue à répandre partout ce terreau précieux, source de richesses et de vie, et qui n'est cependant que le résidu des générations entassées sur les générations. Ici, se présente une objection qui paraît détruire en partie ce que je viens d'avancer. Si la terre végétale, dira-t-on, est nécessaire à l'existence des plantes, elle a dû être créée avant elles, et n'en recevoir que ce qu'elle-même leur a fourni.

Telle a été l'erreur, qui, pendant une longue suite de siècles, nous a fait méconnaître une des plus grandes opérations de la nature, et qui, quoique constamment sous nos yeux, ne nous a échappé que par le peu d'attention que nous avons donnée à un ordre de plantes dédaignées à cause de leur peu d'éclat, de leur petitesse, et de la simplicité de leur composition : mais dès que l'œil perçant du génie eut saisi leurs rapports dans l'ordre naturel des choses, dès qu'il eut reconnu les fonctions qu'elles avaient à remplir, et le rang qu'elles occupaient dans le système général de la végétation, elles ont pris alors un caractère de grandeur, qui a fixé l'attention sur leur existence. On s'est aperçu que, sans exiger de terre végétale pour exister, elles en fournissaient par leur décomposition, à la vérité en petite quantité, mais suffisante pour recevoir des plantes d'un ordre un peu plus élevé, et auxquelles, à mesure que la terre végétale augmente, succèdent des végétaux beaucoup plus vigoureux.

Pour comprendre ce que nous avons à dire sur ce sujet, il faut nous arrêter un instant sur ces plantes que j'ai dit être la base de la végétation. Quoique très-communes partout, elles sont à peine remarquées. Partout elles couvrent les murs, les rochers, les terrains humides, le tronc des arbres; elles s'attachent à toutes les substances, pour peu qu'elles soient favorisées par les circonstances. Les rayons du soleil, les vents secs et froids leur sont autant contraires, que l'ombre et l'humidité leur sont favorables. Ces plantes portent les noms de conferves, de byssus, de lichens : il leur succède des mousses, des hépatiques, des lycopodiacées, des champignons, etc. Elles forment, dans l'ordre naturel de la végétation, une grande et importante famille. Linné les a nommées *cryptogames*, mot grec qui signifie que le mode de fécondation qui doit les reproduire n'est presque point connu.

Les *byssus* sont des plantes qui ne se montrent que sous la forme d'un tissu poudreux, ou d'un duvet filamenteux diversement coloré : elles s'attachent particulièrement aux substances humides, se dessèchent aux rayons d'un soleil ardent, et ne laissent après elles que des taches informes et noirâtres. Les *conferves* appartiennent aux eaux stagnantes, aux terrains inondés; elles sont composées de filamens capillaires, allongés, simples ou articulés. Les *lichens* ne sont quelquefois que des points saillans et noirâtres, épars sur un fond verdâtre ou cendré; ailleurs ce sont des lignes simples ou rameuses qui semblent tracer ou des caractères alphabétiques ou une sorte de carte géographique sur une membrane lisse, très-mince, appliquée sur l'écorce des arbres. D'autres espèces s'attachent aux rochers; elles y forment des plaques de diverses couleurs, des croûtes lépreuses, grenues, farineuses; ou bien, plus développées, elles s'étalent en rosettes d'un aspect foliacé, laciniées ou divisées en lobes. On en voit s'élever d'une croûte écailleuse, en tiges simples, ou se ramifier en petits arbustes élégans, s'évaser, au sommet de leurs rameaux, en petits godets simples ou prolifères, garnis sur leurs bords de tubercules fongueux, de couleur brune, noirâtre, ou d'un beau rouge écarlate; quelques autres, sous une forme très-différente, tombent des branches des arbres en longs filamens entremêlés, semblables à des crins de cheval, à des cheveux touffus, les uns d'un vert cendré, d'autres d'un beau jaune doré, orangé ou citrin. Je ne m'étendrai pas davantage sur cette classe de plantes, avec laquelle nous ferons ailleurs une connaissance plus particulière lorsque nous traiterons des familles naturelles. Ici, nous allons les suivre dans les grandes fonctions que la nature leur a confiées pour l'établissement de la végétation.

Lorsque l'on fait attention à la dureté, à la sécheresse et à la nudité des rochers, on a peine à concevoir que des forêts puissent un jour en couronner le sommet; cependant ce grand travail s'exécute tous les jours sous nos yeux, et même au milieu de nos habitations. Considérons ces murs couverts de taches verdâtres qui s'accroissent par l'humidité, que la lumière et la chaleur réduisent en taches noires et tenaces : ce sont autant de *byssus* qui essaient d'y porter la végétation, ainsi que sur les statues et les marbres les mieux polis; ce sont eux qui impriment le cachet de la vétusté sur nos vieux châteaux, sur nos édifices gothiques. Ailleurs, particulièrement sur les pierres raboteuses, s'étalent en larges plaques ces *lichens* de diverses couleurs, semblables à ces croûtes dartreuses qui corrodent la peau des animaux; ils creusent, rongent la surface des rochers, déposent, dans les vides qu'ils ont formés, la portion de terre produite par leur destruction. Quoiqu'en très-petite quantité, cette terre suffit pour donner lieu au développement de *lichens* d'un ordre plus élevé. Leurs débris, ajoutés à ceux des premiers, fournissent une petite couche de terreau suffisante pour l'existence des mousses d'un ordre inférieur, auxquelles succèdent également des espèces plus fortes [1].

Déjà une couche gazonneuse recouvre le sommet des murs, la surface des rochers : elle augmente d'année en année par les débris des végétaux qu'elle nourrit; ses particules pulvérulentes sont retenues par les tiges et les racines serrées et touffues des mousses; l'humidité s'y conserve plus longtemps; la couche de terreau s'épaissit; des graminées et autres plantes herbacées à tiges basses, viennent s'y établir, telles que des joubarbes, des draba, des saxifrages, des pissenlits, quelques geranium, etc. Le sol s'exhausse à mesure que les générations se succèdent; il se convertit, avec le temps, en une prairie visitée par un grand nombre d'animaux. Des plantes à tige ligneuse annoncent que ce nouveau terrain ne tardera pas à recevoir de plus grands arbres, dont la multiplication doit par la suite établir d'immenses forêts dans un sol qu'on aurait cru frappé pour toujours de stérilité.

Tel est, sur ces roches arides, le développement de la végétation, commencée par de simples byssus, par quelques lichens, propagée par des tapis de mousses, augmentée par les plantes herbacées. Leurs débris accumulés ont formé cet *humus*, maintenant assez épais pour que les arbres les plus vigoureux puissent y implanter leurs racines. En suivant ainsi les progrès de la végétation, nous sommes parvenus à

[1] Les personnes qui ne se sont pas livrées à l'étude de la nature, seront peut-être fort étonnées d'apprendre que toutes ces taches noires ou verdâtres qui dégradent les belles statues et les murs exposés à l'humidité, sont de véritables plantes. Ces plaques sont formées par un *byssus*, que Linné a nommé *byssus antiquitatis*. Les pierres constamment à l'ombre et à l'humidité sont recouvertes d'un autre *byssus*, d'un beau vert foncé : c'est le *byssus velutina*, Lin.

Les *lichens* qu'on trouve plus communément sur les murs et les pierres sont le *lichen calcarius*, *pertusus*, *tartareus*, *candelarius*, *parellus*, *saxatilis*, *centrifugus*, *crispus*, *omphalodes*, *parietinus*, *pustulatus*, etc.

Les mousses que l'on rencontre sur les vieux murs sont le *mnium setaceum*, *capillaire*, etc., le *bryum apocarpum*, *striatum*, *rurale*, *truncatulum*, *murale*, *cæspitilium*; *l'hypnum sericeum*, *serpens*, *myosuroïdes*, etc.

nous convaincre que la terre végétale n'est que le résultat de la décomposition annuelle des végétaux, qu'elle n'existerait pas sans eux; que la nature seule et non l'industrie humaine a pu la déposer sur cette roche, sur ce vieux mur où nous l'avons observée, et dont la formation s'est presque exécutée sous nos yeux.

Ne quittons pas encore ces forêts dont nous venons de suivre l'établissement depuis l'humble graminée, ou la mousse rampante, jusqu'à la production des plus grands végétaux. Quelle abondance de terreau fournissent tous les ans la chute de leurs feuilles et les autres débris de la végétation! C'est dans cet immense magasin, sans cesse renouvelé, que la nature va puiser les substances nécessaires pour fertiliser les plaines et les vallées : elle se sert, pour le transport de ces matériaux, du véhicule de l'eau, de ces pluies d'orages qui se précipitent par torrens, ou descendent en nappe du sommet des monts jusque dans les vallées les plus profondes : ces eaux entraînent avec elles les dépouilles de la végétation, en recouvrent des plaines souvent stériles, crétacées, sablonneuses ou pierreuses; leur fertilité sans ce moyen aurait pu coûter à la nature des siècles de travaux.

Mais les plantes qui jettent sur les rochers les fondemens de la végétation, étant privées de racines, ne pourraient exister sur des sables arides et mouvans; il faut, pour fixer leur mobilité, un autre ordre de végétaux : il a été produit. Au lieu de byssus, de lichens, qui exigent une base fixe et solide, on trouve, pour premières plantes, plusieurs espèces de graminées, de cypéracées, dont les racines traçantes et gazonneuses s'entrelacent les unes dans les autres, s'enfoncent dans les sables, les retiennent, y mêlent leurs dépouilles, et les rendent propres à recevoir des végétaux convenables à la température des localités, pourvu qu'elles soient fréquemment arrosées par les pluies.

Les circonstances qui soumettent le sable à la puissance de la végétation n'existent point partout; il est même de vastes contrées où la terre paraît condamnée à n'offrir à ses habitans qu'une surface aride et brûlée : telles ces plaines immenses de l'Afrique, ces déserts si redoutés, contrées de silence et de mort que l'homme ne traverse qu'avec effroi, et que cependant la nature, par quelques circonstances locales, peut ramener à un état de vie, comme elle l'a fait en beaucoup d'autres lieux. Le moyen le plus efficace et même l'unique, c'est la présence de l'eau. Nous savons déjà que plusieurs grands fleuves y promènent leurs eaux, tels que le Nil en Egypte, le Niger dans une partie du Sahara. Les sources qui les alimentent, grossies par les pluies, occasionent chaque année des débordemens considérables. Ces eaux surabondantes déposent, sur les terrains qu'elles ont inondés, un limon qui, mêlé au sable, acquiert une grande fertilité : ailleurs, elles forment des mares, des lacs, des étangs qui portent les principes de la vie dans ces contrées de mort.

Un nouvel ordre de plantes nous attend sur les bords et à la surface de ces lacs. On conçoit sans peine que celles qui ont établi la végétation sur les sols sablonneux ou pierreux ne peuvent ici remplir le même but, et nous verrons avec admiration cette nature toute-puissante vaincre avec le temps les obstacles qui s'opposent à ses opérations. Dès que les eaux ont recouvert un terrain, les plantes s'y montrent presque aussitôt : elles y sont plus ou moins abondantes, selon les circonstances. Si ces eaux sont courantes comme celles des rivières, agitées comme celles des grands lacs, la végétation n'existe guère que sur leurs bords; mais sont-elles tranquilles, dormantes, peu profondes, les plantes y croissent plus nombreuses et avec plus de rapidité; elles s'emparent d'abord de la surface des eaux, et occupent, par la simplicité de leur organisation, le même ordre que celles qui naissent sur les rochers : ce ne sont que des filamens très-menus, entremêlés, sans racines, sans fructification apparente; elles précèdent la naissance de végétaux plus parfaits, et préparent le sol qui doit les recevoir, opération que nous pouvons suivre également sans sortir de nos habitations. Examinons ces mares, ces bassins négligés ou abandonnés; nous les verrons couverts d'une écume verdâtre, qu'on a regardée longtemps comme des impuretés rejetées à la surface de l'eau : observées avec plus d'attention, il sera facile de reconnaître qu'elles appartiennent au règne végétal. On les a désignées sous les noms de *conferves* et de *byssus*. Des lentilles d'eau (*lemna*), des callitrics se joignent à elles ou leur succèdent. Ceux-ci, pourvus de racines, forment, par leur entrelacement, une sorte de gazon flottant, dont les débris se précipitent au fond des eaux, et constituent le sol destiné à recevoir des plantes d'un rang supérieur : dès lors les potamogetons, les *chara*, les *myriophyllum* tapissent l'intérieur des bassins et des lacs, s'y étendent en prairies constamment recouvertes par les eaux, et réservées pour la nourriture d'un grand nombre d'animaux aquatiques.

A mesure que le fond s'exhausse, des espèces plus vigoureuses s'élèvent au-dessus des eaux, y développent ces brillantes corolles dont la beauté rivalise avec les fleurs de nos jardins. La plaine liquide se convertit en un parterre embelli par des touffes de renoncules flottantes, de naïades, d'*hydrocharis*, de *vallisneria*, dominées par les amples calices d'argent, d'or ou d'azur des nélumbos, des nénuphars à feuilles larges et vernissées; tandis que les flèches d'eau, les joncs fleuris, les ményanthes, l'hottonia, etc., forment sur leurs bords un encadrement élégant et varié, auquel se joignent de jolies véroniques, des œnanthes, des phyllandres surmontés par des salicaires, des bidens, des eupatoires, etc.

Ainsi les eaux, aussi bien que la partie nue et pierreuse du globe, se peuplent de végétaux qui convertissent en marais ces plaines liquides sur lesquelles ont flotté jadis les barques des pêcheurs. Ces eaux gagnent en surface ce qu'elles perdent en profondeur, et portent la fertilité dans tous les terrains qu'elles abordent. A mesure qu'elles baissent, on y voit croître de ces espèces qui, en quelque sorte, tiennent le milieu entre les plantes aquatiques et les terrestres, telles que de grandes graminées, des roseaux, des paturins, des *carex*, des scirpes, des souchets, des *typha*, etc.; mais aucune plante ne contribue davantage au changement de ces marais en pâturages, que l'abondance de certaines espèces de mousses, surtout les sphaignes, qui s'élèvent par couches annuelles au-dessus les unes des autres, s'accroissent tous les jours en épaisseur aussi bien qu'en étendue. Si ces eaux, absorbées par la force de la végétation, ne sont point alimentées par des sources à proportion de leurs pertes, ce sol marécageux se desséchera peu à peu, et se couvrira avec le temps de prairies fertiles, d'arbres de toute espèce, et dès lors pourra offrir sa surface au soc de la charrue.

Ce que je viens d'exposer sur les progrès successifs de la végétation n'a rien de conjectural : nous en trouvons la preuve presque à chaque pas, tant dans le sein de la terre qu'à sa surface, surtout dans les terrains qui n'ont point été bouleversés par des révolutions récentes. Dans combien d'endroits ne rencontre-t-on pas, sous la couche de terre végétale ou argileuse, d'anciennes tourbes étendues sur des lits de sable ou sur des amas de pierres roulées; preuve évidente que ce sol a été autrefois traversé par les eaux des fleuves, ou occupé par celles des lacs! Les vastes marais de la Somme nous en fournissent un exemple entre mille. Le sol est souvent recouvert, ainsi que l'a observé M. Girard, d'une couche de terre propre à la végétation, d'environ deux pieds dans sa plus grande épaisseur : la hauteur du banc de tourbe sur lequel elle repose est de six à dix pieds entre Amiens et Pecquigny; elle augmente jusqu'à trente pieds vis-à-vis les villages de l'Etoile et de Long, au delà desquels elle diminue de plus en plus. La partie basse de la ville d'Amiens, d'après les observations de M. Sellier, est bâtie sur une couche de tourbe qui a quelquefois plus de douze pieds d'épaisseur : elle est assise sur un banc de marne, qui repose lui-même sur un massif de sable et de galets mêlés de coquilles marines. Ce vaste terrain a donc été longtemps occupé par de grands lacs, ainsi que le prouve la découverte que l'on a faite de plusieurs barques et d'armes romaines conservées dans la tourbe à de plus ou moins grandes profondeurs.

Il ne nous est pas accordé de suivre dans les profondeurs de l'Océan l'établissement de la végétation; mais si les plantes marines exigeaient, comme les terrestres ou celles des eaux douces, d'être enracinées dans un sol terreux ou limoneux, nous aurions peine à concevoir comment elles pourraient résister à l'action destructive de ces vagues mugissantes qui sans cesse renversent, arrachent tout ce qui leur fait obstacle, balayent le fond des mers, amoncellent sur les rivages les débris des rochers. Pour lutter contre des obstacles aussi puissans, il fallait aux plantes marines un mode d'existence particulière; aussi la nature leur a-t-elle accordé une base autrement solide que celle d'un sable mobile et continuellement tourmenté par le mouvement impétueux des eaux : elle a fixé leur séjour sur les corps les plus durs, sur les pierres, les rochers auxquels elles adhèrent par un empâtement d'une grande ténacité, ou bien en s'y cramponnant à l'aide d'une sorte de griffe rameuse, très-différente des racines, quoiqu'elle en ait l'apparence. Ces griffes ne sont point destinées à puiser, dans un sol qu'elles ne peuvent pénétrer, des sucs alimentaires, pour les porter dans les parties supérieures de ces végétaux : ceux-ci, plongés en entier dans le même milieu, absorbent également par toute leur surface les principes de leur nutrition; et jusqu'alors on n'a pu y reconnaître l'ascension d'aucune liqueur, telle que la sève, etc. Les plantes marines ont en outre un feuillage plane ou divisé en filamens, d'une consistance souple, coriace, membraneuse, susceptible de se prêter à tous les mouvemens de l'eau sans en être endommagées.

Quoique leur mode de fructification soit encore peu connu, il paraît que leurs semences, ou ce qui en tient lieu, sont très-glutineuses, qu'elles s'attachent indifféremment à tous les corps solides, et couvrent les rochers d'une végétation aussi abondante et non moins agréable que celle des gazons qui tapissent nos montagnes : à la vérité, elles n'étalent point de corolles brillantes, elles ne parfument point l'air de leurs aromates, mais elles offrent souvent, dans la forme, la variété et le mélange des couleurs de leur feuillage, un aspect séduisant.

Il serait difficile de dire quelles sont les circonstances favorables ou nuisibles à leur végétation; mais si nous examinons les rochers qu'il nous est permis d'aborder, nous les trouverons presque tous couverts d'une riche végétation. Il est à croire que ces plantes, quoique placées dans un seul milieu, sont également soumises, comme les terrestres, aux influences des localités, des profondeurs et de la température, puisqu'il en est qui ne se montrent que dans certaines mers; qu'on en rencontre dans l'Océan qui ne se retrouvent pas dans la Méditerranée, et que les mers des Indes en fournissent qui n'ont point été découvertes dans les mers glacées du Nord, ni dans les eaux tempérées des tropiques, etc. : d'autres naissent à de telles profondeurs, que nous ne les connaissons que par leurs fragmens.

Je ne suivrai pas plus loin, dans ses grands travaux, la nature sans cesse occupée à jeter partout les bases de la végétation : ce que j'en ai dit suffit pour faire comprendre toutes les ressources qu'elle emploie pour vaincre les obstacles et porter partout le mouvement et la vie. Nous l'avons suivie dans les plaines, sur les montagnes, dans les sables mobiles, et jusque dans le sein des eaux; si maintenant nous descendons dans ces cavités où la lumière ne pénètre jamais, nous y trouverons des plantes particulières, destinées pour ce séjour de ténèbres, telles que certaines espèces de rhizomorphes, de byssus, etc.; enfin il n'est point de substances, soit à l'air libre ou dans les lieux renfermés, exposées à la lumière, ou cachées dans les endroits les plus obscurs, à l'humidité ou à la sécheresse, qui ne soient recherchées par des plantes propres pour ces diverses localités. Les moisissures attaquent toutes nos provisions alimentaires lorsque celles-ci sont abandonnées et tenues dans des lieux humides; de nombreux champignons, d'énormes bolets naissent à l'ombre sur les plantes en putréfaction; les lichens et les mousses pénètrent l'écorce crevassée des arbres; une foule d'animaux d'un ordre très-inférieur, tels que des larves d'insectes, des vers, des mollusques nus ou à coquilles, des crustacées, des arachnides, viennent en foule établir leur séjour au milieu de cette végétation naissante : ils y déposent leur postérité, y vivent dans l'abondance comme nos troupeaux dans les pâturages, y jouissent de la fraîcheur et de l'ombre comme les grands animaux dans les forêts. Ainsi se propage l'œuvre sublime de la création dans ces êtres organiques qui contribuent, pendant leur vie par leurs sécrétions, et après leur mort par leurs dépouilles, à l'augmentation de la terre végétale et de beaucoup d'autres substances inorganiques, comme nous le verrons plus en détail dans le chapitre suivant. J'exposerai ailleurs, en parlant des semences, par quels moyens la nature les disperse à la surface du globe, dans les terrains destinés à les recevoir.

TABLEAU I.

Organes élémentaires.

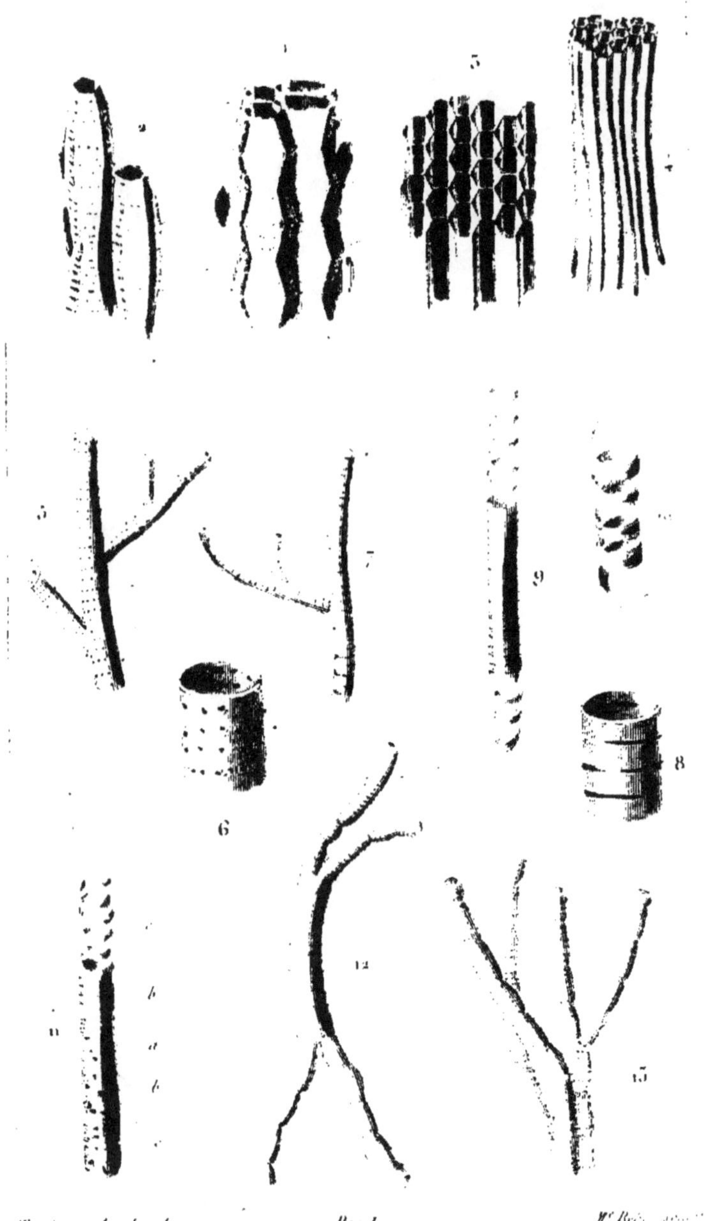

TABLEAU II.

Organisation végétale.

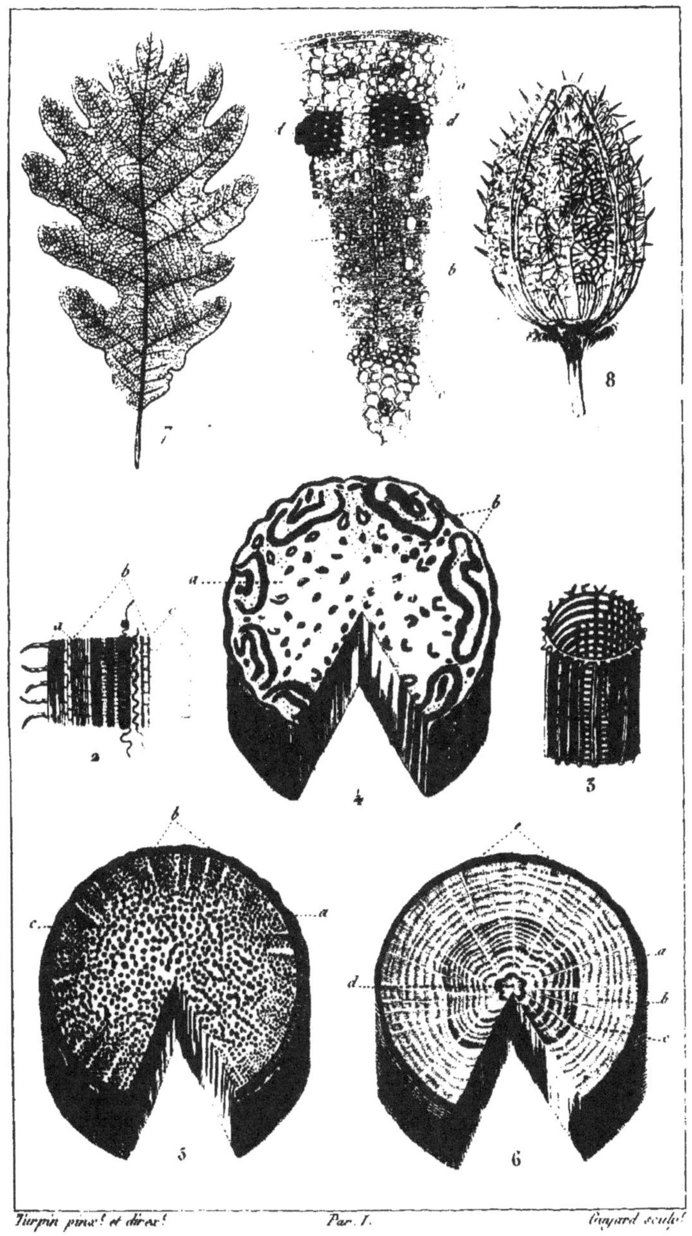

Turpin pinx! et direx! *Par. I.* *Guyard sculp!*

TABLEAU III.

Racines

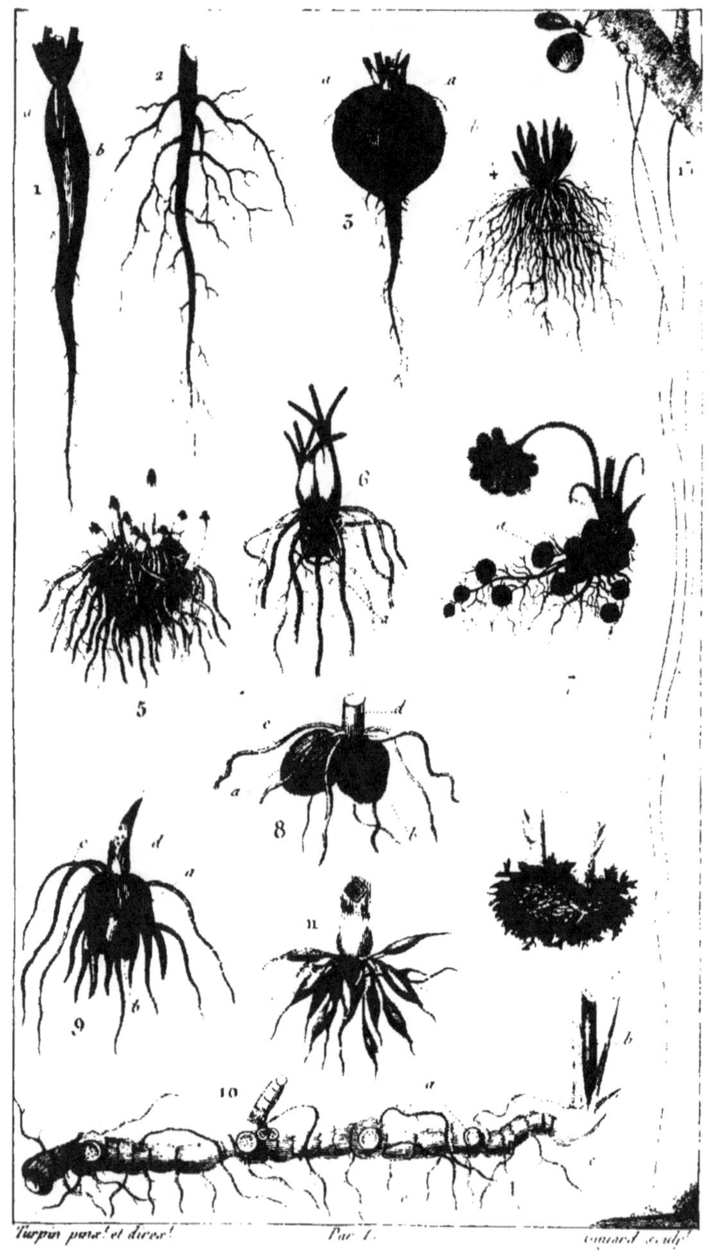

Turpin pinx.t et direx.t — *Par. I.* — *...uard sculp.t*

TABLEAU II.

Tubercules. Bulbes. Hampes. Chaumes. Troncs. Stipes.

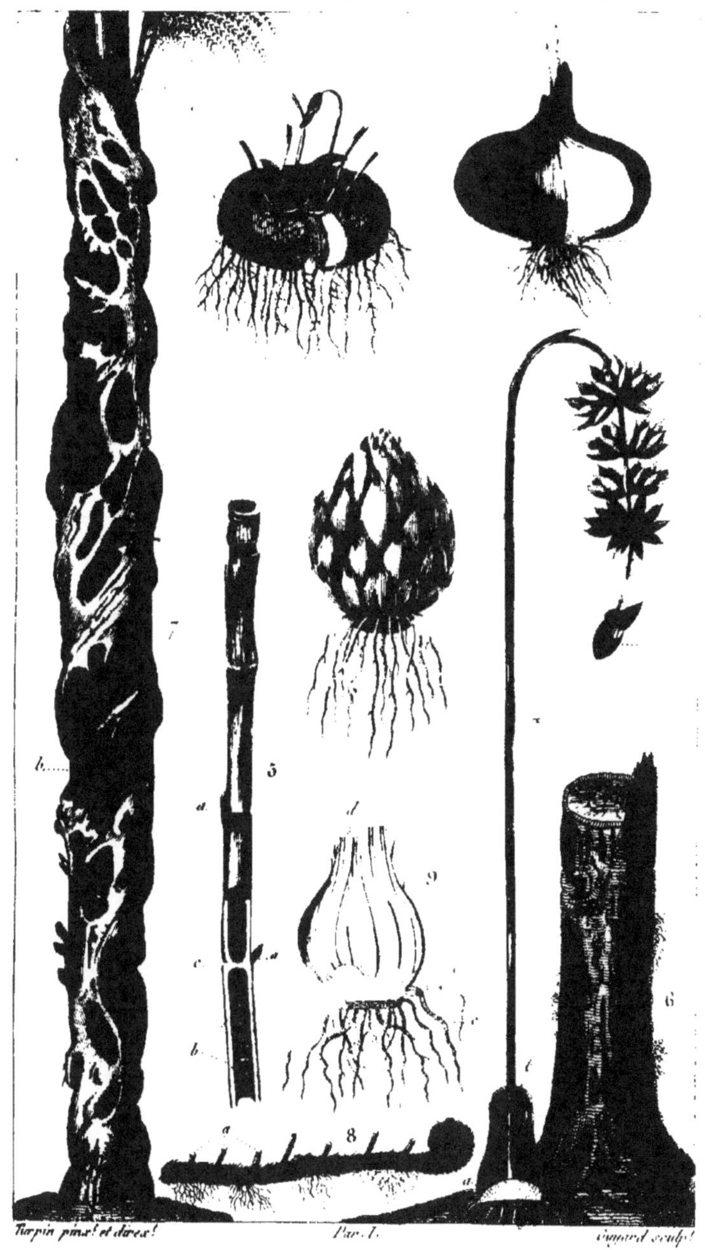

Turpin pinx.t et direx.t — Par. I. — Gugard sculp.t

www.ingramcontent.com/pod-product-compliance
Lightning Source LLC
LaVergne TN
LVHW011959160826
845678LV00002B/628

* 9 7 8 2 3 2 9 6 7 5 5 2 7 *